# The Business Networking Journal

Christina Alva

Published by Amazing Books LLC.
Contact: ChristinaAlva.com
info@ChristinaAlva.com



ISBN: 978-1-7342323-5-6
Printed in the United States of America

This Journal Belongs To:

________________________________________

"Networking is an investment in your business.
It takes time and when done correctly can yield
great results for years to come."
- Diane Helbig

## What is Networking?

The definition of networking is interacting with others to establish relationships or connections that are professional or social through the exchange of information.

## Why Network?

There are many reasons to network. Networking helps to build relationships. The people in your network can be the key to your success. Your relationships can help get you to your destination, whatever it may be. Networking can also help you learn new ways of achieving your goals. Connecting with like-minded people and learning what others do successfully and what has worked for them can help you save time and money. Expanding your skill set can open doors to more opportunities. In networking, you must remain open-minded. You may learn something new that takes you out of your comfort zone but help you yield more successful results. Meeting new people and sharing what you know is a great way to establish yourself as an expert in your field and help you build your reputation. The people that you meet can connect you to their network. You never know who others are connected to.

# Networking Tips

1. Know yourself
2. Know the purpose of why you want to network
3. Have your pitch/introduction ready
4. Know who you want to meet
5. Have your business cards ready (physical/virtual)
6. Listen to the other person
7. Ask good questions
8. Attend industry-related events for your area of business

# How to Use This Journal

In the following pages, you will find blank templates for every networking event you attend. The goal of this journal is to help you plan for your upcoming networking event, execute your pitch/introduction effectively for whom you want to meet, and track and manage the contacts you connect with. The first section of the journal is the Event Templates section. It consists of four different parts.

Event Templates: Part 1

Part 1 of the Event Template is where you record the event title and date. Along with this information, there are several blank lines for you to record your pitch/introduction. For example, if you own a tech company and you are going to a national tech event your entry might look like the following:

Event Name: National Technology Convention

Event Date: June 1, 2022

Introduction: Hi, my name is Jane Doe and I am the CEO and Founder of All-In-One Software Solutions. We provide business intelligence solutions for research companies. We design and implement big data solutions by providing research programming, visualizations, automation, and BI tools. I would love to see how I can help your company overcome any big data challenges you might be facing.

Event Templates: Part 2

Part 2 of the Event Template is a checklist to help you prepare for your upcoming networking event. These are key activities designed to assist you in making sure you feel confident and prepared to have a successful networking experience.

Event Templates: Part 3

Part 3 of the Event Template is a section for you to list who you wish to meet at the event. Who is it that you want to connect with? List 2 to 3 people you want to meet. For example, Oprah might be someone you would love to meet. Or maybe you have written several plays or movies and you want to meet Tyler Perry. You might not know the person you want to meet by name but you know you need a graphic designer so you might just list "Affordable quality Graphic Designer" on your list. Another example, if you are going to a book convention and you are looking for a book cover designer, you might add to your list "Fantasy Fiction Book Cover Designer". Whomever it is you want to meet, put them on your list.

Event Templates: Part 4

Part 4 of the Event Template is meant to be completed after your event. It is a section where you will record contact information for each person you met at the networking event. You want to record their name, contact information, and any details about what they do or the conversation you had with them. The template has pages for you to record up to 5 contacts. There are additional pages in the back of the journal for extra notes.

In the back of the journal, past the Event Templates, you will find two additional sections. The first section is for notes. The second section is a tracker. The tracker is a tool meant to help you follow up with the contacts you will meet throughout the year attending different events. The intent is to make sure you are keeping in contact with the connections you make. Some ways to follow up with people would be to send a Christmas card (physical or virtual) or write and send an email to say hello and keep them updated with your new products or services. You can add all your contacts to this summary tracker list and check the follow-up column every time you connect with them. There is a column for their name and 4 columns for you to track your follow-up. You can record the date you do your follow up in the columns or simply put a checkmark to confirm you reached out. I recommend following up with your contact 4 times a year or once every quarter.

# Event Templates

# Event #1

Event Name: ______________________________

Event Date: ______________________________

Pitch/Introduction: ______________________________

# Checklist

☐ 1. Know yourself

☐ 2. Know why you want to network

☐ 3. Know who you want to meet

☐ 4. Prepare your introduction

☐ 5. Prepare your business cards

☐ 6. Listen to the other person

☐ 7. Ask good questions

# Who do you want to meet?

**Person #1**

Name: ______________________________________________

What do they do? _____________________________________

**Person #2**

Name: ______________________________________________

What do they do? _____________________________________

**Person #3**

Name: ______________________________________________

What do they do? _____________________________________

# Post Event Notes

## Contact #1

Name: ________________________________________

What do they do? ________________________________

Phone Number: _________________________________

Email Address: _________________________________

Website: ______________________________________

Social Media: __________________________________

Comments/Notes: ________________________________

________________________________________________

________________________________________________

________________________________________________

________________________________________________

________________________________________________

________________________________________________

________________________________________________

# Post Event Notes

## Contact #2

Name: ______________________________________________

What do they do? ____________________________________

Phone Number: ______________________________________

Email Address: ______________________________________

Website: ___________________________________________

Social Media: ________________________________________

Comments/Notes: _____________________________________

____________________________________________________

____________________________________________________

____________________________________________________

____________________________________________________

____________________________________________________

____________________________________________________

____________________________________________________

# Post Event Notes

## Contact #3

Name: ______________________________________________

What do they do? _____________________________________

Phone Number: _______________________________________

Email Address: _______________________________________

Website: ____________________________________________

Social Media: _________________________________________

Comments/Notes: ______________________________________

_____________________________________________________

_____________________________________________________

_____________________________________________________

_____________________________________________________

_____________________________________________________

_____________________________________________________

_____________________________________________________

# Post Event Notes

## Contact #4

Name: ______________________________________________

What do they do? _____________________________________

Phone Number: ______________________________________

Email Address: ______________________________________

Website: ___________________________________________

Social Media: ________________________________________

Comments/Notes: ____________________________________

____________________________________________________

____________________________________________________

____________________________________________________

____________________________________________________

____________________________________________________

____________________________________________________

____________________________________________________

# Post Event Notes

## Contact #5

Name: ______________________________________________

What do they do? _____________________________________

Phone Number: _______________________________________

Email Address: _______________________________________

Website: ____________________________________________

Social Media: ________________________________________

Comments/Notes: _____________________________________

______________________________________________________

______________________________________________________

______________________________________________________

______________________________________________________

______________________________________________________

______________________________________________________

______________________________________________________

# Event #2

Event Name: ________________________________________

Event Date: ________________________________________

Pitch/Introduction: ____________________________________

# Checklist

☐ 1. Know yourself

☐ 2. Know why you want to network

☐ 3. Know who you want to meet

☐ 4. Prepare your introduction

☐ 5. Prepare your business cards

☐ 6. Listen to the other person

☐ 7. Ask good questions

# Who do you want to meet?

**Person #1**

Name: ____________________________________________

What do they do? __________________________________

**Person #2**

Name: ____________________________________________

What do they do? __________________________________

**Person #3**

Name: ____________________________________________

What do they do? __________________________________

# Post Event Notes

## Contact #1

Name: ____________________________________________

What do they do? __________________________________

Phone Number: ____________________________________

Email Address: _____________________________________

Website: _________________________________________

Social Media: ______________________________________

Comments/Notes: ___________________________________

_________________________________________________

_________________________________________________

_________________________________________________

_________________________________________________

_________________________________________________

_________________________________________________

_________________________________________________

# Post Event Notes

## Contact #2

Name: ____________________________________________

What do they do? __________________________________

Phone Number: ____________________________________

Email Address: ____________________________________

Website: _________________________________________

Social Media: _____________________________________

Comments/Notes: __________________________________

__________________________________________________

__________________________________________________

__________________________________________________

__________________________________________________

__________________________________________________

__________________________________________________

__________________________________________________

__________________________________________________

__________________________________________________

# Post Event Notes

## Contact #3

Name: ______________________________________________

What do they do? ______________________________________

Phone Number: ________________________________________

Email Address: ________________________________________

Website: _____________________________________________

Social Media: _________________________________________

Comments/Notes: ______________________________________

______________________________________________________

______________________________________________________

______________________________________________________

______________________________________________________

______________________________________________________

______________________________________________________

______________________________________________________

# Post Event Notes

## Contact #4

Name: ________________________________________

What do they do? ________________________________

Phone Number: __________________________________

Email Address: __________________________________

Website: _______________________________________

Social Media: ___________________________________

Comments/Notes: ________________________________

_______________________________________________

_______________________________________________

_______________________________________________

_______________________________________________

_______________________________________________

_______________________________________________

_______________________________________________

# Post Event Notes

## Contact #5

Name: ____________________________________________

What do they do? __________________________________

Phone Number: ____________________________________

Email Address: ____________________________________

Website: _________________________________________

Social Media: ______________________________________

Comments/Notes: ___________________________________

________________________________________________

________________________________________________

________________________________________________

________________________________________________

________________________________________________

________________________________________________

________________________________________________

# Event #3

Event Name: ______________________________

Event Date: ______________________________

Pitch/Introduction:______________________________

# Checklist

- ☐ 1. Know yourself
- ☐ 2. Know why you want to network
- ☐ 3. Know who you want to meet
- ☐ 4. Prepare your introduction
- ☐ 5. Prepare your business cards
- ☐ 6. Listen to the other person
- ☐ 7. Ask good questions

# Who do you want to meet?

**Person #1**

Name: ________________________________________________

What do they do? ______________________________________

**Person #2**

Name: ________________________________________________

What do they do? ______________________________________

**Person #3**

Name: ________________________________________________

What do they do? ______________________________________

# Post Event Notes

## Contact #1

Name: ____________________________________________

What do they do? ___________________________________

Phone Number: _____________________________________

Email Address: _____________________________________

Website: _________________________________________

Social Media: ______________________________________

Comments/Notes: ___________________________________

__________________________________________________

__________________________________________________

__________________________________________________

__________________________________________________

__________________________________________________

__________________________________________________

__________________________________________________

# Post Event Notes

## Contact #2

Name: ______________________________________________

What do they do? ____________________________________

Phone Number: ______________________________________

Email Address: ______________________________________

Website: ___________________________________________

Social Media: _______________________________________

Comments/Notes: ____________________________________

____________________________________________________

____________________________________________________

____________________________________________________

____________________________________________________

____________________________________________________

____________________________________________________

____________________________________________________

# Post Event Notes

## Contact #3

Name: ______________________________________________

What do they do? ____________________________________

Phone Number: ______________________________________

Email Address: ______________________________________

Website: ___________________________________________

Social Media: ________________________________________

Comments/Notes: _____________________________________

_____________________________________________________

_____________________________________________________

_____________________________________________________

_____________________________________________________

_____________________________________________________

_____________________________________________________

_____________________________________________________

# Post Event Notes

## Contact #4

Name: ________________________________________________

What do they do? ______________________________________

Phone Number: ________________________________________

Email Address: ________________________________________

Website: _____________________________________________

Social Media: __________________________________________

Comments/Notes: ______________________________________

______________________________________________________

______________________________________________________

______________________________________________________

______________________________________________________

______________________________________________________

______________________________________________________

______________________________________________________

# Post Event Notes

## Contact #5

Name: ________________________________________

What do they do? ________________________________

Phone Number: __________________________________

Email Address: __________________________________

Website: ______________________________________

Social Media: ___________________________________

Comments/Notes: ________________________________

________________________________________________

________________________________________________

________________________________________________

________________________________________________

________________________________________________

________________________________________________

________________________________________________

# Event #4

Event Name: ____________________________________

Event Date: _____________________________________

Pitch/Introduction: ________________________________

______________________________________________

______________________________________________

______________________________________________

______________________________________________

______________________________________________

______________________________________________

______________________________________________

______________________________________________

______________________________________________

______________________________________________

______________________________________________

______________________________________________

______________________________________________

______________________________________________

______________________________________________

# Checklist

☐ 1. Know yourself

☐ 2. Know why you want to network

☐ 3. Know who you want to meet

☐ 4. Prepare your introduction

☐ 5. Prepare your business cards

☐ 6. Listen to the other person

☐ 7. Ask good questions

# Who do you want to meet?

**Person #1**

Name: ____________________________________________

What do they do? ___________________________________

**Person #2**

Name: ____________________________________________

What do they do? ___________________________________

**Person #3**

Name: ____________________________________________

What do they do? ___________________________________

# Post Event Notes

## Contact #1

Name: ______________________________________________

What do they do? ____________________________________

Phone Number: _______________________________________

Email Address: _______________________________________

Website: ____________________________________________

Social Media: ________________________________________

Comments/Notes: _____________________________________

______________________________________________________

______________________________________________________

______________________________________________________

______________________________________________________

______________________________________________________

______________________________________________________

______________________________________________________

# Post Event Notes

## Contact #2

Name: ______________________________________________

What do they do? ____________________________________

Phone Number: ______________________________________

Email Address: ______________________________________

Website: ___________________________________________

Social Media: _______________________________________

Comments/Notes: ____________________________________

____________________________________________________

____________________________________________________

____________________________________________________

____________________________________________________

____________________________________________________

____________________________________________________

____________________________________________________

# Post Event Notes

## Contact #3

Name: ______________________________________________

What do they do? ____________________________________

Phone Number: ______________________________________

Email Address: ______________________________________

Website: ___________________________________________

Social Media: ________________________________________

Comments/Notes: ____________________________________

_____________________________________________________

_____________________________________________________

_____________________________________________________

_____________________________________________________

_____________________________________________________

_____________________________________________________

_____________________________________________________

# Post Event Notes

## Contact #4

Name: ______________________________________________

What do they do? _____________________________________

Phone Number: ______________________________________

Email Address: ______________________________________

Website: ___________________________________________

Social Media: _______________________________________

Comments/Notes: ____________________________________

___________________________________________________

___________________________________________________

___________________________________________________

___________________________________________________

___________________________________________________

___________________________________________________

___________________________________________________

# Post Event Notes

## Contact #5

Name: ______________________________________________

What do they do? ____________________________________

Phone Number: ______________________________________

Email Address: ______________________________________

Website: ___________________________________________

Social Media: _______________________________________

Comments/Notes: ____________________________________

____________________________________________________

____________________________________________________

____________________________________________________

____________________________________________________

____________________________________________________

____________________________________________________

____________________________________________________

# Event #5

Event Name: ______________________________________

Event Date: ______________________________________

Pitch/Introduction:________________________________
_________________________________________________
_________________________________________________
_________________________________________________
_________________________________________________
_________________________________________________
_________________________________________________
_________________________________________________
_________________________________________________
_________________________________________________
_________________________________________________
_________________________________________________
_________________________________________________
_________________________________________________
_________________________________________________
_________________________________________________

# Checklist

- ☐ 1. Know yourself
- ☐ 2. Know why you want to network
- ☐ 3. Know who you want to meet
- ☐ 4. Prepare your introduction
- ☐ 5. Prepare your business cards
- ☐ 6. Listen to the other person
- ☐ 7. Ask good questions

# Who do you want to meet?

**Person #1**

Name: ______________________________________________

What do they do? ____________________________________

**Person #2**

Name: ______________________________________________

What do they do? ____________________________________

**Person #3**

Name: ______________________________________________

What do they do? ____________________________________

# Post Event Notes

## Contact #1

Name: ______________________________________________

What do they do? ____________________________________

Phone Number: ______________________________________

Email Address: ______________________________________

Website: ___________________________________________

Social Media: ________________________________________

Comments/Notes: _____________________________________

______________________________________________________

______________________________________________________

______________________________________________________

______________________________________________________

______________________________________________________

______________________________________________________

______________________________________________________

# Post Event Notes

## Contact #2

Name: ______________________________________________

What do they do? _____________________________________

Phone Number: _______________________________________

Email Address: _______________________________________

Website: ____________________________________________

Social Media: _________________________________________

Comments/Notes: _____________________________________

______________________________________________________

______________________________________________________

______________________________________________________

______________________________________________________

______________________________________________________

______________________________________________________

______________________________________________________

# Post Event Notes

## Contact #3

Name: ____________________________________________

What do they do? ___________________________________

Phone Number: _____________________________________

Email Address: _____________________________________

Website: _________________________________________

Social Media: ______________________________________

Comments/Notes: ___________________________________

__________________________________________________

__________________________________________________

__________________________________________________

__________________________________________________

__________________________________________________

__________________________________________________

__________________________________________________

# Post Event Notes

## Contact #4

Name: ______________________________________________

What do they do? _____________________________________

Phone Number: _______________________________________

Email Address: _______________________________________

Website: ____________________________________________

Social Media: ________________________________________

Comments/Notes: _____________________________________

____________________________________________________

____________________________________________________

____________________________________________________

____________________________________________________

____________________________________________________

____________________________________________________

____________________________________________________

# Post Event Notes

## Contact #5

Name: ______________________________________________

What do they do? _____________________________________

Phone Number: _______________________________________

Email Address: _______________________________________

Website: ____________________________________________

Social Media: _________________________________________

Comments/Notes: _____________________________________

____________________________________________________

____________________________________________________

____________________________________________________

____________________________________________________

____________________________________________________

____________________________________________________

____________________________________________________

# Event #6

Event Name: ____________________________________________

Event Date: _____________________________________________

Pitch/Introduction:_______________________________________

_______________________________________________________________

_______________________________________________________________

_______________________________________________________________

_______________________________________________________________

_______________________________________________________________

_______________________________________________________________

_______________________________________________________________

_______________________________________________________________

_______________________________________________________________

_______________________________________________________________

_______________________________________________________________

_______________________________________________________________

_______________________________________________________________

_______________________________________________________________

_______________________________________________________________

# Checklist

☐ 1. Know yourself

☐ 2. Know why you want to network

☐ 3. Know who you want to meet

☐ 4. Prepare your introduction

☐ 5. Prepare your business cards

☐ 6. Listen to the other person

☐ 7. Ask good questions

# Who do you want to meet?

**Person #1**

Name: ______________________________________________

What do they do? _____________________________________

**Person #2**

Name: ______________________________________________

What do they do? _____________________________________

**Person #3**

Name: ______________________________________________

What do they do? _____________________________________

# Post Event Notes

## Contact #1

Name: ______________________________________________

What do they do? ____________________________________

Phone Number: _____________________________________

Email Address: ______________________________________

Website: ___________________________________________

Social Media: ________________________________________

Comments/Notes: ____________________________________

____________________________________________________

____________________________________________________

____________________________________________________

____________________________________________________

____________________________________________________

____________________________________________________

____________________________________________________

# Post Event Notes

## Contact #2

Name: ______________________________________________

What do they do? ____________________________________

Phone Number: ______________________________________

Email Address: ______________________________________

Website: ___________________________________________

Social Media: ________________________________________

Comments/Notes: ____________________________________

______________________________________________________

______________________________________________________

______________________________________________________

______________________________________________________

______________________________________________________

______________________________________________________

______________________________________________________

# Post Event Notes

**Contact #3**

Name: ____________________________________________

What do they do? ____________________________________

Phone Number: ______________________________________

Email Address: ______________________________________

Website: __________________________________________

Social Media: _______________________________________

Comments/Notes: ____________________________________

____________________________________________________

____________________________________________________

____________________________________________________

____________________________________________________

____________________________________________________

____________________________________________________

____________________________________________________

# Post Event Notes

## Contact #4

Name: ____________________________________________

What do they do? ___________________________________

Phone Number: _____________________________________

Email Address: _____________________________________

Website: _________________________________________

Social Media: ______________________________________

Comments/Notes: ___________________________________

_________________________________________________

_________________________________________________

_________________________________________________

_________________________________________________

_________________________________________________

_________________________________________________

_________________________________________________

# Post Event Notes

## Contact #5

Name: ____________________________________________

What do they do? ___________________________________

Phone Number: _____________________________________

Email Address: ______________________________________

Website: _________________________________________

Social Media: _______________________________________

Comments/Notes: ___________________________________

_________________________________________________

_________________________________________________

_________________________________________________

_________________________________________________

_________________________________________________

_________________________________________________

_________________________________________________

# Event #7

Event Name: ______________________________________________

Event Date: ______________________________________________

Pitch/Introduction:_________________________________________

_______________________________________________________________

_______________________________________________________________

_______________________________________________________________

_______________________________________________________________

_______________________________________________________________

_______________________________________________________________

_______________________________________________________________

_______________________________________________________________

_______________________________________________________________

_______________________________________________________________

_______________________________________________________________

_______________________________________________________________

_______________________________________________________________

_______________________________________________________________

_______________________________________________________________

# Checklist

- [ ] 1. Know yourself
- [ ] 2. Know why you want to network
- [ ] 3. Know who you want to meet
- [ ] 4. Prepare your introduction
- [ ] 5. Prepare your business cards
- [ ] 6. Listen to the other person
- [ ] 7. Ask good questions

# Who do you want to meet?

**Person #1**

Name: ____________________________________________

What do they do? ___________________________________

**Person #2**

Name: ____________________________________________

What do they do? ___________________________________

**Person #3**

Name: ____________________________________________

What do they do? ___________________________________

# Post Event Notes

## Contact #1

Name: ______________________________________________

What do they do? ______________________________________

Phone Number: ________________________________________

Email Address: ________________________________________

Website: _____________________________________________

Social Media: __________________________________________

Comments/Notes: ______________________________________

______________________________________________________

______________________________________________________

______________________________________________________

______________________________________________________

______________________________________________________

______________________________________________________

______________________________________________________

# Post Event Notes

## Contact #2

Name: ______________________________________________

What do they do? _____________________________________

Phone Number: _______________________________________

Email Address: _______________________________________

Website: ____________________________________________

Social Media: _________________________________________

Comments/Notes: ______________________________________

____________________________________________________

____________________________________________________

____________________________________________________

____________________________________________________

____________________________________________________

____________________________________________________

____________________________________________________

# Post Event Notes

**Contact #3**

Name: ______________________________________________

What do they do? ____________________________________

Phone Number: ______________________________________

Email Address: ______________________________________

Website: ___________________________________________

Social Media: _______________________________________

Comments/Notes: ____________________________________

___________________________________________________

___________________________________________________

___________________________________________________

___________________________________________________

___________________________________________________

___________________________________________________

___________________________________________________

# Post Event Notes

## Contact #4

Name: ______________________________________________

What do they do? _____________________________________

Phone Number: _______________________________________

Email Address: _______________________________________

Website: ____________________________________________

Social Media: _________________________________________

Comments/Notes: _____________________________________

______________________________________________________

______________________________________________________

______________________________________________________

______________________________________________________

______________________________________________________

______________________________________________________

______________________________________________________

# Post Event Notes

## Contact #5

Name: ______________________________________________

What do they do? _____________________________________

Phone Number: _______________________________________

Email Address: _______________________________________

Website: ____________________________________________

Social Media: _________________________________________

Comments/Notes: _____________________________________

______________________________________________________

______________________________________________________

______________________________________________________

______________________________________________________

______________________________________________________

______________________________________________________

______________________________________________________

# Event #8

Event Name: ______________________________________

Event Date: ______________________________________

Pitch/Introduction: ______________________________________

# Checklist

☐ 1. Know yourself

☐ 2. Know why you want to network

☐ 3. Know who you want to meet

☐ 4. Prepare your introduction

☐ 5. Prepare your business cards

☐ 6. Listen to the other person

☐ 7. Ask good questions

# Who do you want to meet?

**Person #1**

Name: ____________________________________________

What do they do? ___________________________________

**Person #2**

Name: ____________________________________________

What do they do? ___________________________________

**Person #3**

Name: ____________________________________________

What do they do? ___________________________________

# Post Event Notes

## Contact #1

Name: ________________________________________________

What do they do? ______________________________________

Phone Number: ________________________________________

Email Address: _________________________________________

Website: _____________________________________________

Social Media: __________________________________________

Comments/Notes: _______________________________________

_____________________________________________________

_____________________________________________________

_____________________________________________________

_____________________________________________________

_____________________________________________________

_____________________________________________________

_____________________________________________________

# Post Event Notes

**Contact #2**

Name: ______________________________________________

What do they do? ____________________________________

Phone Number: ______________________________________

Email Address: ______________________________________

Website: ___________________________________________

Social Media: ________________________________________

Comments/Notes: ____________________________________

______________________________________________________

______________________________________________________

______________________________________________________

______________________________________________________

______________________________________________________

______________________________________________________

______________________________________________________

# Post Event Notes

## Contact #3

Name: ______________________________________________

What do they do? ____________________________________

Phone Number: ______________________________________

Email Address: ______________________________________

Website: ___________________________________________

Social Media: ________________________________________

Comments/Notes: ____________________________________

____________________________________________________

____________________________________________________

____________________________________________________

____________________________________________________

____________________________________________________

____________________________________________________

____________________________________________________

# Post Event Notes

## Contact #4

Name: ______________________________________________

What do they do? ____________________________________

Phone Number: ______________________________________

Email Address: ______________________________________

Website: ___________________________________________

Social Media: _______________________________________

Comments/Notes: ____________________________________

___________________________________________________

___________________________________________________

___________________________________________________

___________________________________________________

___________________________________________________

___________________________________________________

___________________________________________________

# Post Event Notes

**Contact #5**

Name: ____________________________________________

What do they do? ___________________________________

Phone Number: ____________________________________

Email Address: _____________________________________

Website: __________________________________________

Social Media: _______________________________________

Comments/Notes: ___________________________________

_________________________________________________

_________________________________________________

_________________________________________________

_________________________________________________

_________________________________________________

_________________________________________________

_________________________________________________

# Event #9

Event Name: ____________________________________________

Event Date: _____________________________________________

Pitch/Introduction:________________________________________

___________________________________________________________

___________________________________________________________

___________________________________________________________

___________________________________________________________

___________________________________________________________

___________________________________________________________

___________________________________________________________

___________________________________________________________

___________________________________________________________

___________________________________________________________

___________________________________________________________

___________________________________________________________

___________________________________________________________

___________________________________________________________

___________________________________________________________

# Checklist

☐ 1. Know yourself

☐ 2. Know why you want to network

☐ 3. Know who you want to meet

☐ 4. Prepare your introduction

☐ 5. Prepare your business cards

☐ 6. Listen to the other person

☐ 7. Ask good questions

# Who do you want to meet?

**Person #1**

Name: ______________________________________________

What do they do? _____________________________________

**Person #2**

Name: ______________________________________________

What do they do? _____________________________________

**Person #3**

Name: ______________________________________________

What do they do? _____________________________________

# Post Event Notes

## Contact #1

Name: ______________________________________________

What do they do? _____________________________________

Phone Number: _______________________________________

Email Address: _______________________________________

Website: ____________________________________________

Social Media: _________________________________________

Comments/Notes: ______________________________________

______________________________________________________

______________________________________________________

______________________________________________________

______________________________________________________

______________________________________________________

______________________________________________________

______________________________________________________

# Post Event Notes

## Contact #2

Name: ______________________________________

What do they do? ______________________________

Phone Number: ________________________________

Email Address: ________________________________

Website: _____________________________________

Social Media: _________________________________

Comments/Notes: ______________________________

______________________________________________

______________________________________________

______________________________________________

______________________________________________

______________________________________________

______________________________________________

______________________________________________

______________________________________________

______________________________________________

# Post Event Notes

**Contact #3**

Name: ______________________________________________

What do they do? ____________________________________

Phone Number: ______________________________________

Email Address: ______________________________________

Website: __________________________________________

Social Media: _______________________________________

Comments/Notes: ____________________________________

______________________________________________________

______________________________________________________

______________________________________________________

______________________________________________________

______________________________________________________

______________________________________________________

______________________________________________________

# Post Event Notes

## Contact #4

Name: ___________________________________________

What do they do? __________________________________

Phone Number: ____________________________________

Email Address: ____________________________________

Website: _________________________________________

Social Media: ______________________________________

Comments/Notes: ___________________________________

_______________________________________________

_______________________________________________

_______________________________________________

_______________________________________________

_______________________________________________

_______________________________________________

_______________________________________________

# Post Event Notes

## Contact #5

Name: ________________________________________

What do they do? ________________________________

Phone Number: _________________________________

Email Address: _________________________________

Website: ______________________________________

Social Media: ___________________________________

Comments/Notes: _______________________________

_____________________________________________

_____________________________________________

_____________________________________________

_____________________________________________

_____________________________________________

_____________________________________________

_____________________________________________

# Event #10

Event Name: ____________________________________

Event Date: _____________________________________

Pitch/Introduction:______________________________

# Checklist

☐ 1. Know yourself

☐ 2. Know why you want to network

☐ 3. Know who you want to meet

☐ 4. Prepare your introduction

☐ 5. Prepare your business cards

☐ 6. Listen to the other person

☐ 7. Ask good questions

# Who do you want to meet?

**Person #1**

Name: ______________________________________________

What do they do? _____________________________________

**Person #2**

Name: ______________________________________________

What do they do? _____________________________________

**Person #3**

Name: ______________________________________________

What do they do? _____________________________________

# Post Event Notes

## Contact #1

Name: ________________________________________

What do they do? ________________________________

Phone Number: _________________________________

Email Address: __________________________________

Website: ______________________________________

Social Media: ___________________________________

Comments/Notes: ________________________________

# Post Event Notes

## Contact #2

Name: ______________________________________________

What do they do? _____________________________________

Phone Number: _______________________________________

Email Address: _______________________________________

Website: ____________________________________________

Social Media: _________________________________________

Comments/Notes: _____________________________________

______________________________________________________

______________________________________________________

______________________________________________________

______________________________________________________

______________________________________________________

______________________________________________________

______________________________________________________

# Post Event Notes

## Contact #3

Name: ______________________________

What do they do? ______________________________

Phone Number: ______________________________

Email Address: ______________________________

Website: ______________________________

Social Media: ______________________________

Comments/Notes: ______________________________

______________________________

______________________________

______________________________

______________________________

______________________________

______________________________

______________________________

# Post Event Notes

## Contact #4

Name: ____________________________________________

What do they do? ___________________________________

Phone Number: ____________________________________

Email Address: _____________________________________

Website: _________________________________________

Social Media: _______________________________________

Comments/Notes: ___________________________________

__________________________________________________

__________________________________________________

__________________________________________________

__________________________________________________

__________________________________________________

__________________________________________________

__________________________________________________

# Post Event Notes

## Contact #5

Name: ____________________________________________

What do they do? ____________________________________

Phone Number: ______________________________________

Email Address: ______________________________________

Website: ___________________________________________

Social Media: _______________________________________

Comments/Notes: ____________________________________

_______________________________________________

_______________________________________________

_______________________________________________

_______________________________________________

_______________________________________________

_______________________________________________

_______________________________________________

# Notes

# Tracker

| Name of Contact | Follow Up #1 | Follow Up #2 | Follow Up #3 | Follow Up #4 |
|---|---|---|---|---|
| | | | | |
| | | | | |
| | | | | |
| | | | | |
| | | | | |
| | | | | |
| | | | | |
| | | | | |
| | | | | |
| | | | | |
| | | | | |
| | | | | |
| | | | | |
| | | | | |

| Name of Contact | Follow Up #1 | Follow Up #2 | Follow Up #3 | Follow Up #4 |
|---|---|---|---|---|
| | | | | |
| | | | | |
| | | | | |
| | | | | |
| | | | | |
| | | | | |
| | | | | |
| | | | | |
| | | | | |
| | | | | |
| | | | | |
| | | | | |
| | | | | |
| | | | | |

| Name of Contact | Follow Up #1 | Follow Up #2 | Follow Up #3 | Follow Up #4 |
|---|---|---|---|---|
| | | | | |
| | | | | |
| | | | | |
| | | | | |
| | | | | |
| | | | | |
| | | | | |
| | | | | |
| | | | | |
| | | | | |
| | | | | |
| | | | | |
| | | | | |
| | | | | |

| Name of Contact | Follow Up #1 | Follow Up #2 | Follow Up #3 | Follow Up #4 |
| --- | --- | --- | --- | --- |
| | | | | |
| | | | | |
| | | | | |
| | | | | |
| | | | | |
| | | | | |
| | | | | |
| | | | | |
| | | | | |
| | | | | |
| | | | | |
| | | | | |
| | | | | |
| | | | | |

| Name of Contact | Follow Up #1 | Follow Up #2 | Follow Up #3 | Follow Up #4 |
|---|---|---|---|---|
| | | | | |
| | | | | |
| | | | | |
| | | | | |
| | | | | |
| | | | | |
| | | | | |
| | | | | |
| | | | | |
| | | | | |
| | | | | |
| | | | | |
| | | | | |
| | | | | |

| Name of Contact | Follow Up #1 | Follow Up #2 | Follow Up #3 | Follow Up #4 |
| --- | --- | --- | --- | --- |
| | | | | |
| | | | | |
| | | | | |
| | | | | |
| | | | | |
| | | | | |
| | | | | |
| | | | | |
| | | | | |
| | | | | |
| | | | | |
| | | | | |
| | | | | |
| | | | | |

| Name of Contact | Follow Up #1 | Follow Up #2 | Follow Up #3 | Follow Up #4 |
|---|---|---|---|---|
| | | | | |
| | | | | |
| | | | | |
| | | | | |
| | | | | |
| | | | | |
| | | | | |
| | | | | |
| | | | | |
| | | | | |
| | | | | |
| | | | | |
| | | | | |
| | | | | |

| Name of Contact | Follow Up #1 | Follow Up #2 | Follow Up #3 | Follow Up #4 |
|---|---|---|---|---|
| | | | | |
| | | | | |
| | | | | |
| | | | | |
| | | | | |
| | | | | |
| | | | | |
| | | | | |
| | | | | |
| | | | | |
| | | | | |
| | | | | |
| | | | | |
| | | | | |

Made in United States
North Haven, CT
05 November 2026

21768314R00063